職人配方！
減醣烘焙料理

Low-carb
recipes

滿足所有想吃的味蕾，
還能越吃越健康、越美麗！

「享受美食同時擁有健康漂亮的身材」是我畢生倡導理念。認識莉雅是在一次的節目錄影中，在她的巧手之下，用幾種簡單的食材，短短 20-30 分鐘作出超美麗精緻又美味的料理，也因此讓我留下深刻的印象！

我們留下彼此的聯絡方式，忘了經過多久時間，有一天這位美麗的女孩兒，出現在我的減脂門診診間，這是一個很棒的緣份安排，聊了許多對美食與健康的想法。同是身為天秤座的我們，對美對自我有著極致的要求，我們似乎不太需要太多的語言，就能夠懂得且理解彼此想作的事情，擅長在看似衝突的事物上面，找到完美的平衡點。

這本書我想就是莉雅的最佳代表作，每道料理都宛如是藝術的創作，最重要的是融合了健康減醣及多種食材搭配的元素，花了許多巧思，將日常生活中，大家覺得容易發胖的餅乾、蛋糕、麵包、甜點、貝果、烤餅、抹醬，以及沙拉、雞肉、魚肉、豬肉等家常料理，集結各面向的調味組合與健康新鮮食材，搭配簡單易上手的烹調方式，即便不是廚藝太高超，都能輕鬆在家作出美味料理，重點還能愈吃愈健康。

看著這本超豐富的食譜內容，忍不住想親自動手作，透過自己的雙手，作給心愛的家人或是小孩享用，無疑是最棒的愛的呈現，讓所有想吃的欲望味蕾能被滿足，同時又兼顧健康。我深信所有亮麗外表的背後，是無數的堅持與不妥協，以及閃閃發光的內在靈魂！這麼棒的心血集結，更期待本書的精彩內容，能帶給更多人視覺、味覺的雙重享受，健康美、健康瘦！

余朱青

朵薇診所總營養師

符合健康與日常方便性的最佳減醣飲食書

首先恭喜優雅的莉雅老師第三本食譜書出版上市！

跟莉雅老師從 2017 年認識，到現在也快要六年多了。看著莉雅老師一路出了 3 本烘焙甜點食譜書、經營自媒體、線上網路教學、代言知名商品、到成為烘焙網紅，真的很替她感到開心。同樣身為一位主廚／作者／電商經營者，才會知道這一路走來真的不簡單。

莉雅老師身為一位創業者，對於健康烘焙、幸福飲食，她的想法與做法其實一直走在時尚最前端。馬可覺得其實還有很多可以跟她學習的地方。

而莉雅老師創作的這第三本書，更是將她這幾年不斷累積的烘焙技能轉化為她心靈的財寶底蘊後，將食譜容易操作、材料便於購買、符合家庭製作方式，這三大心法實現在這本書中。滿足了她的粉絲追隨者想要多吃甜點、麵包、餐食，但又怕負擔的心情。

莉雅老師細心用她世界甜點金牌的角度，幫大家把想吃的甜點減了醣，更用烘焙職人角度，創作出符合「低糖、減碳、好油」現代飲食原則的麵包與料理。

細細品讀後，馬可發現這本書中的美食，只要照著食譜直覺製作，就能輕鬆做出來。不僅讓你天天吃健康而不厭倦，更是一本真正符合日常生活所需的美味減醣烘焙書。

希望你也能跟馬可一樣，
用新台幣支持莉雅老師的這本新書！
一起在家回味老師的優雅烘焙人生！

馬可老師
地中海料理主廚

目錄 contents

Chapter 03

少醣低負擔的幸福感甜點

Chapter 04
好吃易做的日常減醣麵包

Chapter 05
搭配減醣麵包的美味私房料理

CHAPTER

1

營養師也驚艷！
甜點職人的
「不發胖烘焙生活」

Low-carb recipes

每天吃甜點麵包，依然維持健康體脂的關鍵

教書這麼多年，我有很大的學生群是家庭主婦，這些媽媽們對健康非常重視。原因一是她們煮東西都是要分享給家裡的孩子跟先生，所以健康和食材都很重要。原因二是媽媽們的年紀會更注重醣分的攝取。

根據她們的需求，我一直以來做的烘焙品都是減糖低甜度的訴求。我會將細砂糖的量減到最低，只使用天然奶油。

因為天然的東西很容易經過日常的行動而消耗掉，因此不過量不太會發胖。食材的挑選也是健康很重要的因素，從很久以前，我就養成了只吃天然原型食物的習慣。這也是為什麼我即使做麵包甜點這麼多年，每天吃，我的體重依然維持在標準的範圍內，開始減醣之前的體脂肪，也沒有超出 25% 的標準值。

我開始減醣，是想要變得更健康，還有希望可以再減少一點體脂肪，不過那時候很忙並沒有辦法常常運動，結果從食物開始調整，才誕生了這本書裡面的食譜。照著這些配方實行後，我在短短幾個月的期間，體脂從 25% 減到 19%，效果比我原先預料的好太多！

最受學生喜愛的健康甜點課程

發揮廚師的專業，讓減醣不減美味

我在執行減醣計畫時，因為需要降低每日的醣分攝取，包含了甜度來源的「糖」，還有各種「澱粉（碳水化合物）」，但是我本身非常喜歡麵粉類的食物，麵粉食物對我來說是不可缺少的心靈糧食。

於是我把目標放在**減少「精緻澱粉」跟「糖」的攝取**。

剛開始照著一些減醣食譜來做，或是到處購買減醣的食物，但日常生活中減醣甜點或麵包並不容易取得，尤其是對我這種愛麵包勝過米飯的人來說，減醣麵包更是生活必需品。

但是經過幾個月後，市售跟現成食譜做出來的減醣成品，與我心裡想的有一段落差。於是我決定自己動手研究好吃又美味的減醣食品。

減醣食譜不能只是單純地將精緻麵粉換成了其他減醣可以吃的粉類而已，例如杏仁粉或其他的粉，這樣做只有達到減少麵粉的攝取，但很多時候並沒有符合人類對於口腹之欲的需求。

對身為廚師的我來說，「好吃」是一個非常重要的關鍵，口感和味道都是不能犧牲的必須條件。

打造「零砂糖、高營養價值」的減醣烘焙

雖然市面上的減醣食譜不少，我還是決定自己動手研究。因為我是廚師，更了解不同食物的特性、比例跟運用方式，能將減醣食物做得非常好吃，不特別說的話，根本不會發現有減醣。

除了減少醣分，在這一本書中，我更注重健康的觀點，把細砂糖直接移除在食譜外，然後將我們常常用的麵粉改為紫米粉、燕麥粉等天然穀物粉，不僅降低含醣量，還能增加營養價值、口感和香氣，讓吃進嘴裡的每一口都更美味、更健康！

我將自己喜歡的甜點調整成更低負擔的版本，也花很多時間研究麵包的減醣配方，並製作各種健康料理來搭配麵包吃。只有滿足好吃的優點，而且做起來輕鬆不費力，才是每天可以持之以恆的健康飲食方式。

減少精緻糖、麵粉的負擔，

改以天然食材堆疊香氣風味！

我的減醣日常：
開心吃又無負擔的健康飲食法

雖然每天工作都很忙，但是我幾乎天天下廚。我很喜歡在家裡吃自己煮的料理，因為我飲食簡單，而且很重視健康，尤其在進行減醣的期間，我希望不要攝取過多的調味料，能夠增加更多蛋白質跟蔬菜量，並多吃優質的油脂。除非自己下廚，不然外食很難達到這樣的要求。

我書裡所有的料理，都有達到以上標準，而且還有美味、製作簡單容易上手、不需要花費太多時間的優點。接下來也跟大家分享我平常三餐的飲食方式：

我的日常飲食

(早餐)

減醣麵包 1 個

沙拉 1 碗

荷包蛋 1 顆 or 豆漿 1 杯

因為我是一個非常愛吃麵包的人，所以早上都會吃麵包，但也不要吃太多，我差不多都吃一個小麵包或一片吐司，再加上原型食物的蔬菜、蛋白質，喝一杯豆漿。既有飽足感，也不會造成過多負擔。

(午餐)

以外食為主

因為工作關係，中午大多都是外食，但我會盡量減少澱粉的攝取，比方説便當裡的青菜、肉都會吃完，但是白飯只吃一半或三分之一。

(晚餐)

減醣料理 1 人份

減醣麵包 1 個

減醣甜點 1 個 or 1 塊

我的晚餐大多是自己煮，也就是書裡的料理。義式肉醬、法式紙包魚、藍帶起司豬排、烤春雞等等，再搭配家裡有的減醣麵包，很簡單就能完成豐盛的一餐。飯後甜點我也會吃，因為食材都很天然健康，吃一塊蛋糕或幾片餅乾並不會太罪惡，非常滿足！

天天都能做到的「好吃」是健康與美麗的最大助力

CHAPTER

2

「美味・簡單・健康」的減醣烘焙小教室

Low-carb recipes

讓美味與健康同步的
減醣烘焙原則

製作減醣食品時，如果單純只是用低醣食材替代原來成份，例如將精緻麵粉全數換成杏仁粉、豆渣或其他低醣的粉類，口感和口味上很難符合理想的需求。例如豆渣，因為不像麵粉具有筋性，做出來的麵包或甜點就會口感沙沙的，和習慣的軟綿、蓬鬆麵包差很多，對於像我這樣喜歡麵包口感的人，除非意志力強大，不然很難持之以恆。

所以我的做法，是將減醣的食材們，以自己的廚師專業、對食材特性的了解，運用不同比例調整配方，把所有的減醣食物都變得很美味！

我的減醣原則，一來是**在甜點與麵包方面，從頭到尾沒有使用細砂糖**，二來是**使用其他營養價值更高的食材來取代部分的精緻澱粉**。這樣就可以在減少醣量的同時，也能同時保留麵粉的口感。在料理方面，我也顧及每道料理的蛋白質跟蔬菜量的攝取，將調味料減到最低，保留食物原型與原味。

本書的減醣烘焙原則

在不改變口感與美味的的情況下，最重要的突破點

1

完全不使用精緻細砂糖
（例如，白砂糖、二砂……）

2

減少 30%
精緻澱粉的使用

3

以健康穀物粉、
堅果粉增添營養價值

4

維持不減醣版的味道與口感
比較不會吃膩，可以持之以恆

一般配方 vs 減醣配方的醣量 & 熱量對照

我一直以來製作的甜點都習慣降低甜度，對身體負擔比較小之外，也更符合我們台灣人的口味。而在這一本書中我又更進階了，不使用任何砂糖，也把部分麵粉以健康穀物粉或堅果粉取代，減醣的同時也提升營養價值。

光是這兩點小小的改變，就能夠帶來很大的差異。以我第一本書中的正常版戚風蛋糕來看，這已經是一個非常健康的食譜，因為做一個六吋蛋糕才使用 45 克的砂糖，將六吋蛋糕切成六等分的大塊，每一塊的糖也不到 8 克。

但是到了我這本書，減醣版的芝麻戚風蛋糕中，我將細砂糖換成零熱量的天然代糖赤藻糖醇，也減少了精緻麵粉並增加了健康天然的黑芝麻粉。兩者的比對如下：

	正常版戚風		減醣芝麻戚風（P.050）		
甜味來源	細砂糖 45g	VS.	赤藻糖醇 40g 蜂蜜 20g	➡	**減少醣量 29g、熱量 118kcal** • 細砂糖每公克約含醣 1g、熱量 4kcal • 赤藻糖醇的熱量不會被身體吸收，也不會造成血糖波動 • 蜂蜜每公克約含醣 0.8g、熱量 3.1kcal
粉類食材	低筋麵粉 55g	VS.	低筋麵粉 45g 黑芝麻粉 15g	➡	**減少醣量 6.4g、熱量多 50kcal** **（黑芝麻粉熱量較高，但屬於健康油脂）** • 低筋麵粉每公克含醣約 0.76g、熱量 3.59kcal • 黑芝麻粉每公克含醣約 0.08g、熱量 5.76kcal
液態食材	蛋白 90g 蛋黃 60g 全脂牛奶 30g 植物油 35g	VS.	蛋白 90g 蛋黃 60g 全脂牛奶 30g 植物油 30g	➡	**減少熱量 45kcal** 植物油每公克熱量約 9kcal，減醣版少 5g

正常版戚風 vs. 減醣版戚風

減醣 35.4g
（相當於 7 顆方糖）

減熱量 113kcal
（相當於 5.7 顆方糖）

方便取得又健康的
減醣替代食材

剛開始研究減醣食品時，我買了很多不同的減醣材料，但後來發現許多並不實用，可能只用了一兩次，就整包收在櫃子深處沒有再拿出來用過。對於時常做烘焙的我來說都是如此，一般家庭就更不用說了。所以後來我幾乎只用固定幾樣材料，不僅採買方便，也可以減少食材的浪費。

接下來介紹的是我在做減醣烘焙時最常用到的材料，以用來代替精緻砂糖的「天然糖」為主，以及取代部分精緻澱粉的「健康穀物粉．堅果粉」。

（ 天然糖 ）

蜂蜜

我們在為了健康，施行減醣控制飲食的時候，盡量不要攝取糖分，但是蜂蜜是天然的糖，無精緻過的糖，對身體來說比精緻過的細砂糖來得好，而且具有保濕、增加風味的作用。

黑糖

食譜裡用的黑糖是天然純手工黑糖，適量攝取不會帶來太多額外的負擔，也可以增加獨特風味。

赤藻糖醇

赤藻糖醇是天然的代糖，其中的熱量和醣都不會被身體吸收，也不會造成胰島素的波動。書中部分食譜，因為一般買到的赤藻糖醇顆粒較大，我會先使用食物調理機直接打成粉狀。

打成糖粉後的
赤藻糖醇

（ 健康穀物粉・堅果粉 ）

生燕麥粉

本書中很常使用到的燕麥粉是「生燕麥粉」，也就是用大燕麥片磨成粉狀，可以買現成的，也可以自行用食物調理機處理。請注意不是買那種直接可以沖泡、已經熟化的即溶燕麥粉，請使用做麵包用的，未熟化的生燕麥粉。

蕎麥粉

蕎麥粉可以在烘焙行或網路上買得到。在本書中是拿來做鹹味的可麗餅，如果找不到蕎麥粉，也可以替換成等量的裸麥粉。

糙米粉

糙米本身的營養價值高於精緻的麵粉，而且做出來的麵包口感也比較綿密柔軟。

裸麥粉

裸麥粉不僅蛋白質、礦物質、纖維等營養成分都高於麵粉，做出來的麵包也帶有特殊的香氣，所以很推薦拿裸麥粉來做麵包。

烘焙用杏仁粉

杏仁粉要買烘焙用的杏仁粉，是整顆杏仁粒去磨成的粉，不要買泡杏仁茶的杏仁粉。烘焙用杏仁粉在各大烘焙材料行都買得到。

生亞麻仁粉

烘焙用的是「生亞麻仁粉」，也就是用亞麻仁籽磨成粉狀，不是加熱水可以直接沖泡成飲品的熟亞麻仁粉，可以上網搜尋做麵包用的生亞麻仁粉。

全麥粉

全麥粉雖然也是碳水化合物，但不像麵粉是精緻澱粉，所以營養價值比較高。在減醣期間還是要適量攝取澱粉，但是盡量減少精緻澱粉，多攝取營養較多的原型澱粉。

Column

開單販售也OK！超人氣減醣甜點 & 麵包

這本書裡的減醣烘焙成品，不僅可以自己吃，有些也很適合開單販售，例如像餅乾跟小蛋糕類都很適合，**可以單片狀、幾片裝，或是裝在鐵盒裡做成綜合口味**。其他**可以冷凍的甜點也可以宅配販售**，用漂亮的紙盒裝起來，看起來很有質感。但冷藏蛋糕就比較不建議宅配，運送過程中容易毀損、品質比較不好顧，只限自取或店內品嚐。

本書中適合販售配送的品項

常溫甜點

★所有餅乾類（P.34-43）
★抹茶蜂蜜馬德蕾（P.46）
★蘭姆白巧克力可可栗子蛋糕（P.48）

將餅乾個別包裝再裝盒，可以放比較久。

將不同口味的餅乾裝在鐵盒裡，顏色豐富好看。

冷凍甜點 & 麵包

★麵包類（可麗餅除外，P.72-111）
★巴斯克乳酪蛋糕（P.56-59）
★裸戚風蛋糕（P.50-55）
★橄欖油半熟巧克力蛋糕（P.60）

高度比較低的巴斯克或半熟巧克力蛋糕，很適合用披薩盒來裝。

包材在烘焙行買得到，網路上也有很多款式，可以讓成品看起來更有質感。

Column

讓生活更便利！常備保存的減醣麵包 & 甜點

烘焙製品做好後妥善保存可以保質一段時間，隨時想吃再從冰箱取出，讓減醣生活執行起來更沒有壓力。我的冰箱裡就有很多常備的減醣甜點、麵包，不需要每天新鮮做，一次多做幾個冷凍，要吃再復熱就可以了，比煮飯更快，對於忙碌的現代人來說非常方便！

餅乾

★烤好後密封，可保存 1-2 週

蔓越莓餅乾（P.34）
濃茶餅乾（P.36）
可可杏仁餅乾（P.37）
咖啡核桃餅乾（P.38）
堅果燕麥酥片（P.40）
法式佛羅倫丁（P.42）

★做好未烘烤的生麵團，可冷凍保存 1-2 個月。需要時，再取出切片直接烘烤

蔓越莓餅乾（P.34）
濃茶餅乾（P.36）
可可杏仁餅乾（P.37）
咖啡核桃餅乾（P.38）

常溫甜點

★常溫保存 1-2 週

抹茶蜂蜜馬德蕾（P.46）
蘭姆白巧克力可可栗子蛋糕（P.48）

其他甜點

★冷凍保存 1-2 週

巴斯克乳酪蛋糕（P.56-59）
橄欖油半熟巧克力蛋糕（P.60）
裸戚風蛋糕（P.50-55）

★冷藏 3 天內吃完

大人味盆栽提拉米蘇（P.44）
英式紅蘿蔔核桃鳳梨蛋糕（P.61）

麵包

★做好之後冷凍保存，要吃前再噴水稍微烤一下就會像剛出爐的

麵包先逐一用保鮮膜密封、阻隔空氣再冷凍，可以延長保鮮期。

CHAPTER

3

少醣低負擔的
幸福感甜點

Low-carb recipes

蔓越莓餅乾

蔓越莓乾可以換成其他果乾，要注意的是果乾本身糖分較高，如果想要更減糖，可以省略果乾，做成原味餅乾。

材料（份量：約 25 片）

材料	份量
無鹽奶油（室溫）	120g
赤藻糖醇糖粉（過篩）	40g
全蛋	20g
低筋麵粉（過篩）	140g
烘焙用杏仁粉（過篩）	40g
生燕麥粉（過篩）	20g
蔓越莓乾（泡熱水，擰乾）	60g

POINT 如果沒有生燕麥粉，可以用等量低筋麵粉來取代。

作法

1 混合奶油與赤藻糖醇糖粉。

2 加入蛋拌勻，再拌入所有粉類。

3 接著加入蔓越莓乾，將整體拌勻。

4 用保鮮膜包起來，並以刮刀輔助整形成長條狀，冷藏至少 1 小時以上。

TIP 冷藏時間依各冰箱而異，通常數小時不等，以麵團冰到硬為基準。

5 餅乾麵團冰硬後取出，切成厚約 0.5 公分的片狀。

6 鋪排在烤盤上，放入已預熱好的烤箱中，以 170℃ 烤約 15-20 分鐘至表面金黃色即完成。

濃茶餅乾

茶粉可以使用抹茶粉或伯爵茶粉，也可以自行添加其他果乾、堅果，做成不同口味的茶餅乾。

材料（份量：約 25 片）

無鹽奶油（室溫）.......120g
赤藻糖醇糖粉（過篩）...40g
全蛋............................20g
低筋麵粉（過篩）.......140g
烘焙用杏仁粉（過篩）...40g
生燕麥粉（過篩）.........20g
抹茶粉（過篩）...............6g

作法

1 混合奶油與赤藻糖醇糖粉。
2 加入蛋拌勻，再拌入所有粉類。
3 用保鮮膜包起來，並以刮刀輔助整形成圓柱狀，冷藏至少 1 小時以上。
TIP 冷藏時間依各冰箱而異，通常數小時不等，以麵團冰到硬為基準。
4 餅乾麵團冰硬後取出，切成厚約 0.5 公分的片狀。
5 鋪排在烤盤上，放入已預熱好的烤箱中，以 170℃ 烤約 15-20 分鐘至表面金黃色即完成。

POINT

- 將抹茶粉 6g 替換成伯爵茶粉 4g，即可變成有清香佛手柑氣息的伯爵茶餅乾。
- 如果沒有生燕麥粉，可以用等量低筋麵粉來取代。

可可杏仁餅乾

這款可可杏仁餅乾同時擁有巧克力的風味和堅果的脆度，是我非常喜歡的口味。大家也可以自行將杏仁片換成其他的堅果。

材料（份量：約 25 片）

無鹽奶油（室溫）........ 120g
赤藻糖醇糖粉（過篩）.... 40g
全蛋.............................. 20g
低筋麵粉（過篩）........ 140g
烘焙用杏仁粉（過篩）.... 40g
生燕麥粉（過篩）.......... 20g
可可粉（過篩）.............. 10g
生杏仁片....................... 40g

作法

1 混合奶油與赤藻糖醇糖粉。
2 加入蛋拌勻，再拌入所有粉類後，加杏仁片。
3 用保鮮膜包起來，並以刮刀輔助整形成長條狀，冷藏至少 1 小時以上。
TIP 冷藏時間依各冰箱而異，通常數小時不等，以麵團冰到硬為基準。
4 餅乾麵團冰硬後取出，切成厚度約 0.5 公分的片狀。
5 鋪排在烤盤上，放入已預熱好的烤箱中，以 170℃ 烤約 15-20 分鐘即完成。

POINT 如果沒有生燕麥粉，可以用等量低筋麵粉來取代。

咖啡核桃餅乾

這款餅乾吃起來有濃郁的咖啡香氣，核桃碎的堅果脆度我也很喜歡。將核桃更換成其他堅果也都沒有問題。

材料（份量：約 25 片）

全蛋................................ 20g
即溶咖啡粉 10g
無鹽奶油（室溫）......... 120g
赤藻糖醇糖粉（過篩）.... 40g
低筋麵粉（過篩）......... 140g
烘焙用杏仁粉（過篩）.... 40g
生燕麥粉（過篩）........... 20g
生核桃碎......................... 60g

POINT

如果沒有生燕麥粉，可以用等量低筋麵粉來取代。

作法

1 先混合蛋與咖啡粉。

2 混合奶油與赤藻糖醇糖粉。

3 加入咖啡蛋液拌勻，再拌入所有粉類後，加入核桃碎。

4 用保鮮膜包起來，並以刮刀輔助整形成長條狀，冷藏至少 1 小時以上。

TIP 冷藏時間依各冰箱而異，通常數小時不等，以麵團冰到硬為基準。

5 餅乾麵團冰硬後取出，切成厚度約 0.5 公分的片狀。

6 鋪排在烤盤上，再放入已預熱好的烤箱中，以 170℃ 烤約 15-20 分鐘即完成。

堅果燕麥酥片

燕麥本來就是一個非常健康的碳水化合物，這款餅乾完全沒有使用精緻澱粉，而是以天然穀物的生燕麥粉來取代。

模 具

直徑 6cm
圓形鋁箔盤

材料（份量：約 6 片）

無鹽奶油（融化）...................... 50g
蜂蜜.. 50g
大燕麥片.................................... 60g
生核桃碎.................................... 50g
肉桂粉 .... 1/4 小匙
生燕麥粉.................................... 20g
蔓越莓乾（泡熱水，擰乾）........ 40g

POINT

如果沒有生燕麥粉，可以用等量低筋麵粉來取代。

作法

1 將所有材料備好放入攪拌盆中。

2 均勻混合所有材料。

3 將餅乾麵團填入圓形鋁箔盤中（也可以直接在烤盤上鋪成圓形）。

4 放入已預熱好的烤箱中，以 160℃烤約 20 分鐘即完成。

TIP 可以視自己喜歡的口感調整烘烤時間，烤久一點會比較硬脆。

法式佛羅倫丁

佛羅倫丁是很經典的法式焦糖杏仁餅乾，雖然好吃但一般含醣量都相當高，因此我特意把它做成減醣的版本，保留美味而且健康。

模 具

18×18cm
方形慕斯框
（型號 SN3307）

25cm
圓形鐵板
（型號 SN3996）

材料（份量：約 18 片）

‖ **餅乾底** ‖

無鹽奶油（室溫）............ 75g
赤藻糖醇糖粉（過篩）..... 40g
全蛋................................ 30g
生燕麥粉（過篩）............ 15g
低筋麵粉（過篩）............ 90g
烘焙用杏仁粉（過篩）..... 15g

‖ **內餡** ‖

動物性鮮奶油.........20g
無鹽奶油................30g
水麥芽...................30g
有機手工黑糖.........20g
生杏仁片................60g
生黑芝麻粒............10g

POINT

如果沒有生燕麥粉，可以用等量低筋麵粉來取代。

作法

1 **製作餅乾底**：先混合奶油與赤藻糖醇糖粉，再加入蛋液拌匀，接著加入生燕麥粉、低筋麵粉與杏仁粉拌匀。

2 麵團擀成約 0.5 公分厚，鋪入慕斯框（底部墊圓鐵板才方便移動，也可以在倒扣的烤盤底鋪烘焙紙、再放慕斯框），於麵團上均勻戳洞。

3 冷凍至少 1 小時後，再放進已預熱好的烤箱中，以 180℃ 烤約 15 分鐘至表面微上色取出。

4 **製作內餡**：將所有材料（除杏仁片與黑芝麻粒外）一起加熱煮到融化，再放入杏仁片與黑芝麻粒混勻。

5 **組合**：將內餡鋪在烤半熟的餅乾底上，再放入烤箱，以 180℃ 烤約 15 分鐘至金黃色。

6 餅乾取出後趁熱切小塊即完成（此處切成 6×3 公分）。

大人味盆栽提拉米蘇

這款提拉米蘇完全不含澱粉，而且因為加入了天然水果的甜度，可以將糖的用量再減到更低。食用時和香蕉一起入口，微甜微苦的層次中帶有舒適果香。

材料（份量：6 個）

‖ **提拉米蘇餡** ‖

動物性鮮奶油.........................120g
赤藻糖醇.................................20g
咖啡酒.....................................10g
義式濃縮咖啡...........................12g
＊或 6g 即溶咖啡粉加 6g 熱水
馬斯卡彭起司（室溫軟化）....120g

‖ **配料・裝飾** ‖

香蕉（切片）.......... 2 根
苦甜巧克力 ....適量
可可粉 ....適量
薄荷葉 ....適量

POINT

- 苦甜巧克力主要是增加口感，可依個人喜好決定用量，也可以省略不加。
- 如果要送人或稍微久放，撒在上方的可可粉，建議改用巧克力打碎，比較不會太快潮濕、變色。

作法

1 用電動攪拌器，打發鮮奶油與赤藻糖醇至微凝固。

2 混合咖啡酒、濃縮咖啡與馬斯卡彭起司。

3 將步驟 1 的打發鮮奶油拌入步驟 2 中。

4 將步驟 3 的提拉米蘇餡擠到杯子的一半高度後，填入香蕉片與苦甜巧克力。

5 再擠入提拉米蘇餡鋪滿杯子後，用刮板整平表面。

6 最後用細篩網撒上可可粉，擺上薄荷葉即完成。

抹茶蜂蜜馬德蕾

馬德蕾是非常經典的法式點心，用天然蜂蜜來取代砂糖，除了增加風味與甜度之外，還提供了更好的保溼效果。

模具

UNOPAN
8 連貝殼模

材料（份量：8 個）

全蛋......50g
赤藻糖醇......20g
蜂蜜......20g
低筋麵粉（過篩）......35g
烘焙用杏仁粉（過篩）......10g
抹茶粉（過篩）......4g
泡打粉......1/2 小匙
無鹽奶油（融化）......50g

作法

1 混合全蛋、赤藻糖醇、蜂蜜後拌勻。

2 拌入所有粉類後，拌入融化的奶油。

3 將拌勻的麵糊冷藏至少 3 小時，建議最好隔夜。

TIP 麵糊冷藏鬆弛過的風味更加融合，烤出來也更綿密細緻；若沒有經過冷藏，因有氣泡而孔洞會較多。

4 將冷藏過的麵糊裝入擠花袋（或塑膠袋），擠入烤模裡約八分滿。放入已預熱好的烤箱中，以 180℃ 烤約 15 分鐘即完成。

TIP 若烤模容易沾黏，可事先抹一層奶油、撒一層薄麵粉，會比較好脫模。

蘭姆白巧克力可可栗子蛋糕

這是一款很簡單容易製作的常溫點心，但是我在裡面加了很多風味，有蘭姆酒，有白巧克力，有可可粉，還有核桃，口味與口感的層次都非常豐富！

模具

UNOPAN
6 連栗子模

材料（份量：6 個）

蛋白......................90g（約 3 顆）
赤藻糖醇................................20g
蜂蜜......................................20g
低筋麵粉（過篩）..................30g
烘焙用杏仁粉（過篩）...........30g
可可粉（過篩）.....................10g
泡打粉...........................1/2 小匙
無鹽奶油（融化）..................50g
蘭姆酒....................................少許
白巧克力（融化）................100g
烤過的核桃碎.........................20g
＊ 生核桃碎先用烤箱 150℃ 烤約 15 分鐘

作法

1 混合蛋白、赤藻糖醇、蜂蜜後拌勻。

2 拌入所有粉類。

3 再拌入融化奶油，靜置 15 分鐘。

4 將麵糊裝入擠花袋（或塑膠袋），擠入烤模裡。放入已預熱好的烤箱中，以 170℃烤約 15 分鐘。

5 將蛋糕取出刷上蘭姆酒。

6 放涼後，將蛋糕圓的那一端依序沾上融化的白巧克力、核桃碎即完成。

芝麻戚風蛋糕

我將戚風蛋糕做成健康的減醣版本，吃的時候比較沒有負擔，而且口感跟一般沒有減醣的正常版戚風蛋糕真的差不多喔！

模具

6 吋
中空戚風模

材料（份量：1 個 6 吋）

‖ 蛋糕體 ‖

蛋黃......................60g（約 3 顆）
植物油.....................................30g
全脂牛奶（可換成豆漿）.........30g
蜂蜜...20g
低筋麵粉（過篩）...................45g
黑芝麻粉.................................15g
蛋白......................90g（約 3 顆）
赤藻糖醇.................................40g

‖ 抹面 ‖

動物性鮮奶油...........200g
赤藻糖醇....................10g

‖ 裝飾 ‖（可省略）

黑芝麻粉...................適量

作法

1 混合蛋黃、植物油、牛奶、蜂蜜。

2 加入低筋麵粉與黑芝麻粉拌勻。

3 用電動攪拌器，打發蛋白跟赤藻糖醇 40g 至倒扣有小勾勾狀。

4 混合步驟 2 的蛋黃糊與步驟 3 的蛋白霜。

TIP 先取約 1/3 的蛋白霜加入蛋黃糊中翻拌，再倒回蛋白霜中拌勻。先讓兩者質地相近，比較容易拌合。手法盡量輕柔且快速，避免消泡。

5 將拌勻的麵糊倒入 6 吋中空戚風模中。放入已預熱好的烤箱中，以 170℃ 烤約 35 分鐘至表面摸起來有彈性。

6 取出後連同烤模倒扣，放涼再脫模。

7 用電動攪拌器，打發鮮奶油與赤藻糖醇 10g 至凝固。

8 使用抹刀將打發鮮奶油均勻抹在蛋糕外層，再撒上黑芝麻粉即完成。

伯爵紅茶
乳酪戚風蛋糕

這一款蛋糕我超喜歡，淋在蛋糕上鹹鹹甜甜的乳酪餡搭配軟綿綿的戚風蛋糕，如果不說的話完全不會發現有減醣，超級好吃！

模具

6 吋
中空戚風模

材料（份量：1 個 6 吋）

‖ 蛋糕體 ‖

- 蛋黃.................. 60g（約 3 顆）
- 植物油................................30g
- 全脂牛奶（可換成豆奶）.....30g
- 蜂蜜...................................20g
- 伯爵茶粉..............................4g
- 低筋麵粉（過篩）...............45g
- 烘焙用杏仁粉（過篩）........15g
- 蛋白.................. 90g（約 3 顆）
- 赤藻糖醇.............................40g

‖ 淋醬 ‖

- 蛋黃.......................7g
- 全脂牛奶..............50g
- 赤藻糖醇................4g
- 玉米粉....................3g
- 動物性鮮奶油.......30g
- 乳酪片................ 2 片

‖ 裝飾 ‖（可省略）

- 烤過的杏仁片..........適量

＊生杏仁片先用烤箱 150℃烤約 15 分鐘

作法

1 混合蛋黃、植物油、牛奶、蜂蜜、伯爵茶粉。

2 加入低筋麵粉與杏仁粉拌勻。

3 用電動攪拌器，打發蛋白跟赤藻糖醇 40g 至倒扣有小勾勾狀。

4 混合步驟 2 的蛋黃糊與步驟 3 的蛋白霜。

TIP 先取約 1/3 蛋白霜加入蛋黃糊中翻拌，再倒回蛋白霜中拌勻。先讓兩者的質地相近，比較容易拌合。手法盡量輕柔快速，避免消泡。

5 將拌勻的麵糊倒入 6 吋中空戚風模中。放入已預熱好的烤箱中，以 170℃ 烤約 35 分鐘至表面摸起來有彈性。

6 取出後連同烤模倒扣，靜置放涼再脫模。

7 混合乳酪片以外的淋醬所有材料，煮至微濃稠後再加入乳酪片融化。

8 將淋醬淋在蛋糕上，並撒上杏仁片即完成。

低醣雙色巴斯克乳酪

巴斯克蛋糕的澱粉含量低，但為了達到甜度需求，砂糖通常加入的份量不少。因此我特別製作出這個減醣的版本，除了用無熱量的赤藻糖醇取代精緻糖外，也將精緻澱粉換成生燕麥粉，吃起來更美味卻減少了身體的負擔。

模 具

6 吋
蛋糕模
（型號 SN5024）

材料（份量：1 個 6 吋）

全蛋..150g
動物性鮮奶油..........................100g
赤藻糖醇...................................70g
奶油乳酪（室溫軟化）...........210g
生燕麥粉...................................15g
苦甜巧克力...............................50g

POINT

如果沒有生燕麥粉，可以用等量低筋麵粉來取代。

作法

1 調理機中依序放入蛋、鮮奶油、赤藻糖醇、奶油乳酪，打勻約 15 秒，再加入生燕麥粉打約 5 秒，完成原味麵糊。

TIP 使用果汁機、均質機或用打蛋器手打都可以，只是手打會比較久。

2 融化苦甜巧克力後，取步驟 1 的原味麵糊 200g 混合，做成巧克力麵糊。

3 用烘焙紙圍好 6 吋蛋糕模的底跟邊緣，多次交叉倒入原味與巧克力麵糊。

4 放入已預熱好的烤箱中，以 180℃烤約 40 分鐘至表面焦黃即完成。

檸檬巴斯克乳酪

同樣是減醣版本的巴斯克蛋糕，加入檸檬清爽的風味與香氣，很適合喜歡酸甜口味的人，讓濃郁的乳酪更加爽口不膩。

模 具

6 吋
蛋糕模
（型號 SN5024）

材料（份量：1 個 6 吋）

全蛋................................150g
動物性鮮奶油..................100g
赤藻糖醇...........................70g
奶油乳酪（室溫軟化）....210g
檸檬皮屑..............1 顆的量
檸檬汁 40g
生燕麥粉...................... 15g

POINT

如果沒有生燕麥粉，可以用等量低筋麵粉來取代。

作法

1 調理機中放入生燕麥粉以外的所有材料，全部打勻約 15 秒，再加入生燕麥粉打約 5 秒即可。

TIP 使用果汁機、均質機或用打蛋器手打都可以，只是手打會比較久。

2 用烘焙紙圍好 6 吋蛋糕模的底跟邊緣，倒入打勻的麵糊。

3 放入已預熱好的烤箱中，以 180℃ 烤約 40 分鐘至表面焦黃即完成。

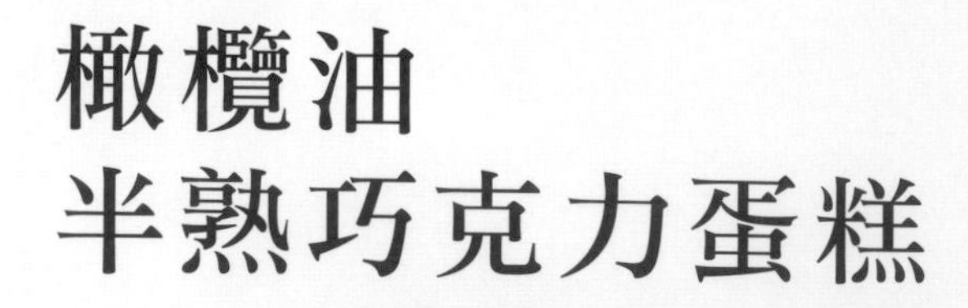

橄欖油
半熟巧克力蛋糕

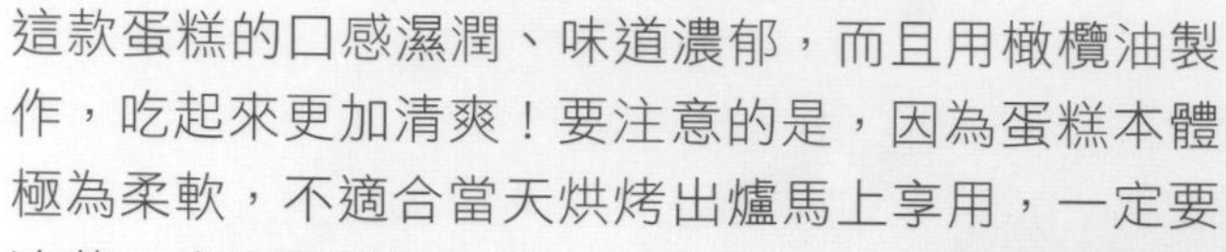

這款蛋糕的口感濕潤、味道濃郁，而且用橄欖油製作，吃起來更加清爽！要注意的是，因為蛋糕本體極為柔軟，不適合當天烘烤出爐馬上享用，一定要冷藏一晚後再脫模品嚐。

模具

6吋
蛋糕模
（型號SN5024）

材料（份量：1個6吋）

- 熱水.............................. 60g
- 苦甜巧克力 35g
- 可可粉 10g
- 全蛋........................... 100g
- 赤藻糖醇....................... 75g
- 冷壓初榨橄欖油 95g
- 低筋麵粉（過篩）.......... 80g
- 烘焙用杏仁粉（過篩）.... 35g
- 泡打粉 ....3/4 小匙
- 烤過的核桃碎................ 30g

＊ 生核桃碎先用烤箱 150℃ 烤約 15 分鐘

作法

1. 先混合熱水、苦甜巧克力與可可粉，融化後放涼至 40℃。
2. 混合蛋、赤藻糖醇與橄欖油。
3. 將步驟 1、2 與所有粉類一起拌勻。
4. 用烘焙紙圍好 6 吋蛋糕模的底跟邊緣，倒入麵糊，並撒上核桃碎。
5. 放入已預熱好的烤箱中，以 180℃ 烤約 17 分鐘。取出後放涼，冷藏至隔天再脫模。

英式紅蘿蔔核桃鳳梨蛋糕

很多人沒有吃過紅蘿蔔蛋糕。我教學校的孩子們做這款蛋糕，通常大家剛開始都很抗拒，吃過後就會瞬間被圈粉，真的非常好吃，而且營養滿分！非常鼓勵大家動手做看看，簡單就能完成美味的健康甜點。

模具

21×7×6cm
磅蛋糕模
（型號SN2126）

材料（份量：1 個長條）

冷壓初榨橄欖油 ...100g
全蛋......................100g
赤藻糖醇.................40g
蜂蜜........................20g
低筋麵粉（過篩）....80g
烘焙用杏仁粉（過篩）...... 20g
生燕麥粉（過篩）............ 15g
泡打粉 .... 1/2 小匙
肉桂粉 .... 1/2 小匙
葡萄乾（泡熱水，擰乾）... 30g
生核桃（切碎）....................30g
鳳梨（切丁或刨絲，擰乾）...60g
紅蘿蔔（刨絲）...................70g

POINT

如果沒有生燕麥粉，可以用等量低筋麵粉來取代。

作法

1 混合橄欖油、蛋、赤藻糖醇與蜂蜜。
2 加入所有粉類拌勻。
3 接著加入葡萄乾、核桃碎、鳳梨丁、紅蘿蔔絲，混合均勻。
4 將麵糊倒入磅蛋糕模，放入已預熱好的烤箱中，以 180℃ 烤約 35 分鐘至叉子插進去後取出不沾黏即完成。

肉桂蘋果
法式可麗餅

可麗餅麵糊做好可以冷藏約三天，製作一份肉桂蘋果法式可麗餅只需要一至兩片，其他沒用完的麵糊冰起來，下次就能再使用。口味上當然也能自行發揮想像力，例如將肉桂蘋果改成新鮮香蕉淋上巧克力醬……等，怎麼做都好吃。

材料（份量：4 片餅皮）

‖ **餅皮** ‖

全脂牛奶....................80g
全蛋...........................40g
赤藻糖醇......................7g
橄欖油.........................8g
無鹽奶油（融化）.......8g
低筋麵粉....................20g
烘焙用杏仁粉............10g

‖ **肉桂蘋果** ‖

無鹽奶油....................... 10g
蘋果（去皮切塊）.........2 顆
檸檬汁 10g
檸檬皮屑............. 1/2 顆的量
肉桂粉 ....1/2 小匙
赤藻糖醇....................... 10g

‖ **裝飾** ‖（可省略）

藍莓....................適量
蔓越莓 ....適量
薄荷葉 ....適量
檸檬皮屑............適量

作法

1 **製作餅皮**：將除粉類外的餅皮所有材料，攪拌均勻。

2 加入粉類稍微攪拌。

3 麵糊會有很多小顆粒，直接過篩，拌勻後再過篩一次，直到無顆粒狀。

TIP 利用刮刀或湯匙在篩網上刮壓，幫助麵糊過篩。

4 麵糊於室溫下靜置 15 分鐘或冷藏數小時。

TIP 麵糊經過冷藏休息，煎出的餅皮會更細緻。麵糊可事先做好冷藏（可保存約三天），需要時再拿出來煎。

5 將平底鍋（直徑約 20 公分）加熱後，離火倒入餅皮麵糊，將鍋子快速轉個圓讓麵糊平均攤開，再放回爐火上。

TIP 鍋子要夠熱才不會沾黏，如果使用的不是不沾鍋，建議先抹一層奶油。

6 將餅皮煎至兩面微焦黃後取出放涼。依相同方式煎好所需餅皮。

7 **製作肉桂蘋果**：平底鍋中放入所有材料，中火煮約 5 分鐘。

8 **組合**：將餅皮摺疊擺在盤子上，放上肉桂蘋果，再撒上裝飾材料即完成。

抹茶千層蛋糕捲

這是一個只要兩片麵皮就可以做的簡易千層蛋糕捲，跟傳統千層蛋糕比起來相對輕鬆容易得多，而且不費時，裡面的水果都可以自行更換成喜歡的種類。

材料（份量：2 個蛋糕捲）

‖ 餅皮 ‖

全脂牛奶 80g
全蛋 40g
赤藻糖醇 8g
橄欖油 8g
無鹽奶油（融化）......... 8g
低筋麵粉 20g
烘焙用杏仁粉 10g
抹茶粉 4g

‖ 內餡 ‖

動物性鮮奶油 200g
赤藻糖醇 20g
奇異果、橘子等喜歡的水果 ...... 適量

作法

1 **製作餅皮**：將粉類以外的餅皮所有材料，攪拌均勻，再加入粉類稍微攪拌。

2 將麵糊過篩，拌勻後再過篩一次，直到無顆粒狀後，靜置室溫 15 分鐘或冷藏數小時。

TIP 麵糊靜置冷藏後會更細緻。也可以事先做好麵糊冷藏（可保存約三天），需要時再拿出來煎。

3 將平底鍋（直徑約 20 公分）加熱後，離火倒入餅皮麵糊，將鍋子快速轉個圓讓麵糊平均攤開，再放回爐火上。

TIP 鍋子要夠熱才不會沾黏，如果使用的不是不沾鍋，建議先抹一層奶油。

4 將餅皮煎至單面微焦黃後取出放涼。

TIP 因為之後要將餅皮捲起來，只要將單面煎至微焦黃就好，以免太硬不好捲。

5 **打發鮮奶油**：將鮮奶油、赤藻糖醇打發至紋路明顯。

6 **組合**：取兩片餅皮，有焦色紋路的面朝下，兩片稍微重疊。

7 在餅皮中間抹上打發鮮奶油，擺上切片的水果，再抹少許打發鮮奶油。

8 將餅皮長的兩側往中間摺疊，再從短的一端捲起來即完成。

CHAPTER

4

好吃易做的
日常減醣麵包

Low-carb recipes

豆漿糙米
奶油手撕餐包

減醣食物如果單純只是用低醣食材替代原來成分，不是犧牲口感，就是犧牲美味。在這款麵包中，我用豆漿取代牛奶減少乳糖攝取，然後麵團裡加了生糙米粉，除了增加營養價值，同時也能夠增加口感變化，讓整體帶有豆奶及天然穀物的香氣與風味。

模 具

6 吋
圓形蛋糕模
（型號 SN5024）

—— 或 ——

6 吋
圓形慕斯框
（型號 SN3243）

材料（份量：7 個）

鹽....................................4g
高筋麵粉........................135g
奶粉..................................4g
生糙米粉..........................40g
烘焙用杏仁粉...................15g
赤藻糖醇..........................20g
即溶速發酵母.....................4g
無糖豆漿..........................60g
飲用水.............................60g
無鹽奶油（室溫）............20g

POINT

如果沒有生糙米粉，可以用烘焙材料行常見的蓬萊米粉，等量取代。

作法

1 攪拌盆依序加入鹽、麵粉、奶粉、生糙米粉、杏仁粉、赤藻糖醇、酵母、豆漿、水，用電動攪拌器鉤狀配件將所有食材拌勻。

2 全部攪打約 5 分鐘後，加入奶油，再打到拉開有薄膜。

TIP 攪打到原本沾黏的攪拌盆變乾淨，麵團本身變光滑柔軟，且可輕拉出呈半透明狀的薄膜程度。

3 將麵團放入容器，蓋上保鮮膜，進行第一次發酵。

4 完成第一次發酵，麵團至 2 倍大（約室溫 35℃／60 分鐘）。

TIP 發酵時間為參考值，須以實際溫度濕度做調整。

5 將麵團分割成每顆 50g，共 7 顆，滾圓。進行中間發酵 10 分鐘。

6 將小麵團輕輕拍扁，再整成圓形後，放入鋪好烘焙紙的模具中。

7 讓麵團再次發酵至 2 倍大（約室溫 35℃／60 分鐘）。

8 放入已預熱好的烤箱中，以 190℃烤約 20 分鐘，上下面都上色即完成。

TIP 如果要讓表面多點變化，可在烘烤前撒上麵粉，出爐後即為上圖的模樣。

紫米奶油手撕餐包

我用紫米粉取代部分高筋麵粉，不僅降低醣量、營養價值更為豐富，同時也可以彌補麵粉減量導致的口感不足。使用紫米粉做出來的口味非常特殊，相較於麵粉，吃起來有點入口即化的感覺，穀物的香氣也很迷人。

模 具

6吋
圓形蛋糕模
（型號SN5024）
或
6吋
圓形慕斯框
（型號SN3243）

材料（份量：7個）

鹽……4g
高筋麵粉……155g
紫薯粉（若沒有可省略）……2g
生紫米粉……40g
赤藻糖醇……20g
即溶速發酵母……4g
無糖豆漿……60g
飲用水……60g
無鹽奶油（室溫）……20g

作法

1. 攪拌盆依序加入鹽、高筋麵粉、紫薯粉、生紫米粉、赤藻糖醇、酵母、豆漿、水，用電動攪拌器鉤狀配件將所有食材拌勻。
2. 全部攪打約 5 分鐘後，加入奶油，再打到拉開有薄膜。
   TIP 攪打到原本沾黏的攪拌盆變乾淨，麵團本身變光滑柔軟，且可輕拉出呈半透明狀的薄膜程度。
3. 將麵團放入容器，蓋上保鮮膜，進行第一次發酵至 2 倍大（約室溫 35℃／60 分鐘）。
   TIP 發酵時間為參考值，須以實際溫度濕度做調整。
4. 將麵團分割成每顆 50g，共 7 顆，滾圓。進行中間發酵 10 分鐘。
5. 接著輕輕拍扁，整成圓形後放入模具中。再次發酵至 2 倍大（約室溫 35℃／60 分鐘）。
6. 放入已預熱好的烤箱中，以 190℃ 烤約 20 分鐘，上下面都上色即完成。

肉桂葡萄麵包

我用了全麥粉、亞麻仁粉、杏仁粉來取代精緻澱粉，同時使用這三種粉，是為了達到最佳口感的減醣麵包。葡萄乾糖分較高，因此想要更嚴格控制糖分攝取的話，可以把葡萄乾的量自行減少或完全不加。

材料（份量：6 個）

- 鹽..............1/2 小匙（約 3g）
- 高筋麵粉........................115g
- 全麥粉..............................30g
- 烘焙用杏仁粉...................10g
- 生亞麻仁粉.......................10g
- 赤藻糖醇...........................25g
- 即溶速發酵母..........................5g
- 肉桂粉 .... 1/4 小匙（約 1g）
- 全蛋.....................................25g
- 飲用水.................................75g
- 無鹽奶油（室溫）................10g
- 葡萄乾（泡熱水，擰乾）...... 30g

POINT

如果沒有全麥粉 / 亞麻仁粉 / 杏仁粉，都可以用等量高筋麵粉取代，只是醣量較高，口感也會略為不同。

作法

1 將奶油和葡萄乾外的所有材料，依序加入攪拌盆，用電動攪拌器鉤狀配件拌約 5 分鐘後，加入奶油、打到拉開有薄膜，再加葡萄乾拌勻。

2 將麵團放入容器，蓋上保鮮膜，進行第一次發酵至 2 倍大（約室溫 35℃／60 分鐘）。

TIP 發酵時間為參考值，須以實際溫度濕度做調整。

3 分割成每顆 55g，共 6 顆，滾圓。進行中間發酵 10 分鐘。

4 接著將麵團輕輕拍扁，整成圓形。

TIP 麵團也可整形成橄欖形（如上圖一顆橄欖形為 165g 重，即 3 顆圓形相加的重量），而烘烤時間須延長為 15 分鐘。

5 再次發酵至 2 倍大（約室溫 35℃／60 分鐘）。

6 放入已預熱好的烤箱中，以 200℃ 烤約 10 分鐘，上下面都上色即完成。

TIP 麵包烘烤前，在表面撒麵粉或是劃刀紋，可以增添外觀變化。

可可巧克力核桃麵包

開始減醣之後，我很開心發現巧克力跟核桃都是減醣也可以吃的食物！所以我特意做了巧克力核桃麵包，可以當甜點也可以當主食，既滿足胃口，又沒有罪惡感。

材料（份量：2 個）

鹽....................1/2 小匙（約 3g）
高筋麵粉..............................115g
全麥粉 30g
烘焙用杏仁粉.........................10g
可可粉 10g
赤藻糖醇................................25g

即溶速發酵母........................ 5g
全蛋.................................... 25g
飲用水 95g
無鹽奶油（室溫）.............. 10g
耐烤巧克力豆..................... 20g
生核桃 20g

作法

1 攪拌盆依序加入鹽、麵粉、全麥粉、杏仁粉、可可粉、赤藻糖醇、酵母、蛋、水，用電動攪拌器鉤狀配件將所有食材拌勻。

2 全部攪打約 5 分鐘後，加入奶油，再打到拉開有薄膜。

TIP 攪打到原本沾黏的攪拌盆變乾淨，麵團本身變光滑柔軟，且可輕拉出呈半透明狀的薄膜程度即可。

3 將麵團放入容器，蓋上保鮮膜，進行第一次發酵至2倍大（約室溫35℃／60分鐘）

TIP 發酵時間為參考值，須以實際溫度濕度做調整。

4 將麵團平均分割成 2 份，滾圓。進行中間發酵 10 分鐘。

5 接著輕輕拍扁，先整成長條形，中間包入巧克力豆跟核桃，再整成橄欖形。再次發酵至 2 倍大（約室溫 35℃／60 分鐘）。

TIP 將巧克力豆包覆在麵團中間，烘烤後才不會在表面或底部烤焦。

6 表面噴水，撒上一點麵粉，放入已預熱好的烤箱中，以 200℃ 烤約 18 分鐘，上下面都上色即完成。

蔓越莓芝麻麵包

這是麵包店常常出現的一款麵包，我很常買，所以開始減醣之後，我在想怎樣可以把它做成減醣的版本。經過幾次測試，總算成功做出讓我滿意的口味，這個食譜終於誕生了！

材料（份量：2 個）

鹽	1/2 小匙（約 3g）
高筋麵粉	115g
全麥粉	30g
生亞麻仁粉	10g
烘焙用杏仁粉	10g
赤藻糖醇	25g
即溶速發酵母	5g
全蛋	25g
飲用水	75g
無鹽奶油（室溫）	10g
蔓越莓乾（泡熱水，擰乾）	30g
黑芝麻粒	15g

作法

1. 攪拌盆依序加入鹽、麵粉、全麥粉、亞麻仁粉、杏仁粉、赤藻糖醇、酵母、蛋、水，用電動攪拌器鉤狀配件拌勻。
2. 全部攪打約 5 分鐘後，加入奶油，打到拉開有薄膜，然後加入蔓越莓乾跟黑芝麻粒拌勻。
   TIP 攪打到原本沾黏的攪拌盆變乾淨，麵團本身變光滑柔軟，且可輕拉出呈半透明狀的薄膜程度。
3. 將麵團放入容器，蓋上保鮮膜，進行第一次發酵至 2 倍大（約室溫 35℃／60 分鐘）。
   TIP 發酵時間為參考值，須以實際溫度濕度做調整。
4. 將麵團平均分割成 2 份，滾圓。進行中間發酵 10 分鐘。
5. 接著輕輕拍扁，整成橄欖形，再次發酵至 2 倍大（約室溫 35℃／60 分鐘）。
6. 放入已預熱好的烤箱中，以 200℃ 烤約 18 分鐘，上下面都上色即完成。

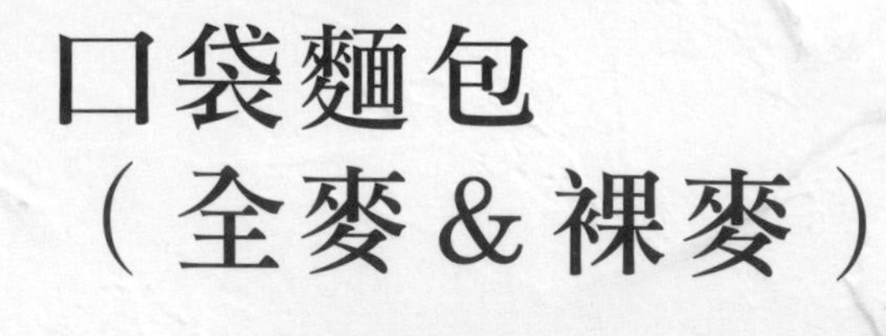

口袋麵包（全麥&裸麥）

我在施行減醣控制飲食的時候，為了盡量減少白飯等精緻澱粉的攝取，所以做了這個減醣版的口袋麵包來搭配料理，好吃又健康！裸麥和全麥除了香氣不同，全麥的口感較紮實、裸麥則更為細緻，兩種我都很喜歡。

材料（份量：4 個）

鹽........................1/2 小匙（約 3g）
低筋麵粉....................................50g
高筋麵粉....................................70g
全麥粉（或裸麥粉）..................45g
烘焙用杏仁粉............................20g
即溶速發酵母...............................4g
赤藻糖醇.............1/4 小匙（約 1g）
飲用水.....................................110g
植物油.......................................15g

POINT

烤好後密封冷藏，可保存 2-3 天，要食用前在表面噴水、復熱即可。若想要延長保存時間，請一片一片密封後冷凍。

作法

1 攪拌盆依序加入所有材料，攪拌至表面微光滑即可。

TIP 麵團不需要攪打到有薄膜的程度，只要材料拌勻、將近光滑即可，也可直接用手揉。

2 將麵團放入容器，蓋上保鮮膜，靜置發酵。

3 麵團發酵至 1.5-2 倍大（約 30 分鐘）。

4 分割成每顆 75g，共 4 顆，滾圓。

5 擀平成約直徑 15 公分（6 吋大小）的圓餅狀。

TIP 麵團擀平後不好移動，容易變形不圓。建議擀在烘焙紙上，直接移入烤盤，或是在烤盤背面擀好，直接底朝上入烤箱。

6 放入已預熱好的烤箱中，以 200℃ 烤約 6 分鐘（中間要翻面）即完成。

TIP 當麵團烘烤到一面鼓起，表示已定型，可以翻面。

奶油鹽可頌

我很喜歡吃鹽可頌，鹽可頌單吃就是一款風味很足夠的麵包。但是一般的鹽可頌含醣量太高，為了降低精緻澱粉比例，我加入了天然穀物的杏仁粉與全麥粉，不僅減醣、提升營養價值，還增添更多層次的風味與香氣。

材料（份量：8 個）

鹽	4g
高筋麵粉	170g
全麥粉	55g
烘焙用杏仁粉	15g
赤藻糖醇	35g
即溶速發酵母	5g
全脂牛奶	160g
無鹽奶油（室溫）	12g
有鹽奶油	24g

作法

1 攪拌盆中依序加入鹽、麵粉、全麥粉、杏仁粉、赤藻糖醇、酵母、牛奶，用電動攪拌器鉤狀配件拌勻。

2 全部攪打約 5 分鐘後，加入無鹽奶油，再打到拉開有薄膜。

TIP 攪打到原本沾黏的攪拌盆變乾淨，麵團本身變光滑柔軟，且可輕拉出呈半透明狀的薄膜程度。

3 將麵團放入容器，蓋上保鮮膜，進行第一次發酵至 2 倍大（約室溫 35℃／60 分鐘）。

TIP 發酵時間為參考值，須以實際溫度濕度做調整。

4 將麵團分割成每顆 55g，共 8 顆，滾圓。進行中間發酵 10 分鐘。

5 接著輕輕拍扁，用手掌弧口輕壓在麵團一側，上下滾動成一頭圓、一頭尖的形狀。

6 再擀平成三角形。

7 將有鹽奶油分割成 8 小塊，每塊約 3g。在麵團較寬的那一端，擺一小塊有鹽奶油。

8 從上往下將有鹽奶油捲到麵團裡。

TIP 捲的時候，一邊將麵團的尖端往前拉，可以讓麵團捲得更緊實。

9 整成牛角形狀。

10 將奶油捲放入烤盤，再次發酵至 2 倍大（約室溫 35℃／60 分鐘）。

11 在奶油捲表面塗少許水、撒上鹽（食譜分量外）。

12 放入已預熱好的烤箱中，以 200℃ 烤約 10 分鐘，上下面都上色即完成。

芝麻鹽可頌

熱愛鹽可頌的我，特別研究了兩種不同的減醣版本。這款加了芝麻粉，也是一個我很喜歡的口味，濃郁卻不搶戲的芝麻香氣，光聞就讓人食慾大增，真心覺得非常好吃，強烈推薦大家一定要動手試看看！

材料（份量：8 個）

鹽	4g
高筋麵粉	170g
全麥粉	50g
黑芝麻粉	20g
赤藻糖醇	35g
即溶速發酵母	5g
全脂牛奶	150g
無鹽奶油（室溫）	12g
有鹽奶油	24g

作法

1 攪拌盆依序加入鹽、麵粉、全麥粉、黑芝麻粉、赤藻糖醇、酵母、牛奶，用電動攪拌器鉤狀配件拌勻。

2 全部攪打約 5 分鐘後，加入無鹽奶油，再打到拉開有薄膜。

TIP 攪打到原本沾黏的攪拌盆變乾淨，麵團本身變光滑柔軟，且可輕拉出呈半透明狀的薄膜程度。

3 將麵團放入容器，蓋上保鮮膜，進行第一次發酵至2倍大（約室溫35℃／60分鐘）。

TIP 發酵時間為參考值，須以實際溫度濕度做調整。

4 將麵團分割成每顆55g，共8顆，滾圓。進行中間發酵10分鐘。

5 接著輕輕拍扁，用手掌弧口輕壓在麵團一側，上下滾動成一頭圓、一頭尖的形狀，再擀平成三角形。

6 將有鹽奶油分割成8小塊，每塊約3g，逐一放在三角形麵團的寬端後，從上往下捲起來，整成牛角形狀。

7 將奶油捲放入烤盤，再次發酵至2倍大（約室溫35℃／60分鐘）。

8 奶油捲表面塗上一點點水、撒上鹽（食譜分量外）。

9 放入已預熱好的烤箱中，以200℃烤約10分鐘，上下面都上色即完成。

低醣白吐司

一般來説，我們在施行減醣控制飲食的時候，沒有辦法吃高糖高奶油高碳水的白吐司。但是誰不愛百搭的吐司？少了它就少了很多樂趣，於是我減少糖、奶油、精緻澱粉的比例，做出這款減醣版吐司，希望在享用美味的同時也能享有健康。

模具

12 兩
吐司模
（型號 SN2055：長 19.6× 寬 10.6 × 高 11cm）

材料（份量：1 條）

鹽 7g
高筋麵粉 250g
生糙米粉 50g
烘焙用杏仁粉 25g
赤藻糖醇 15g
即溶速發酵母 8g
動物性鮮奶油 40g
飲用水 170g
無鹽奶油（室溫） 15g

作法

1 攪拌盆依序加入鹽、麵粉、生糙米粉、杏仁粉、赤藻糖醇、酵母、鮮奶油、水，用電動攪拌器鉤狀配件拌勻。

2 全部攪打約 5 分鐘後，加入奶油。

3 持續打到可拉出薄膜的程度。

TIP 攪打到原本沾黏的攪拌盆變乾淨，麵團本身變光滑柔軟，且可輕拉出呈半透明狀的薄膜程度。

4 將麵團放入容器，蓋上保鮮膜，進行第一次發酵。

5 麵團發酵至 2 倍大（約室溫 35℃／ 120 分鐘）。

6 將麵團分成 2 等分，滾圓。進行中間發酵 10 分鐘。

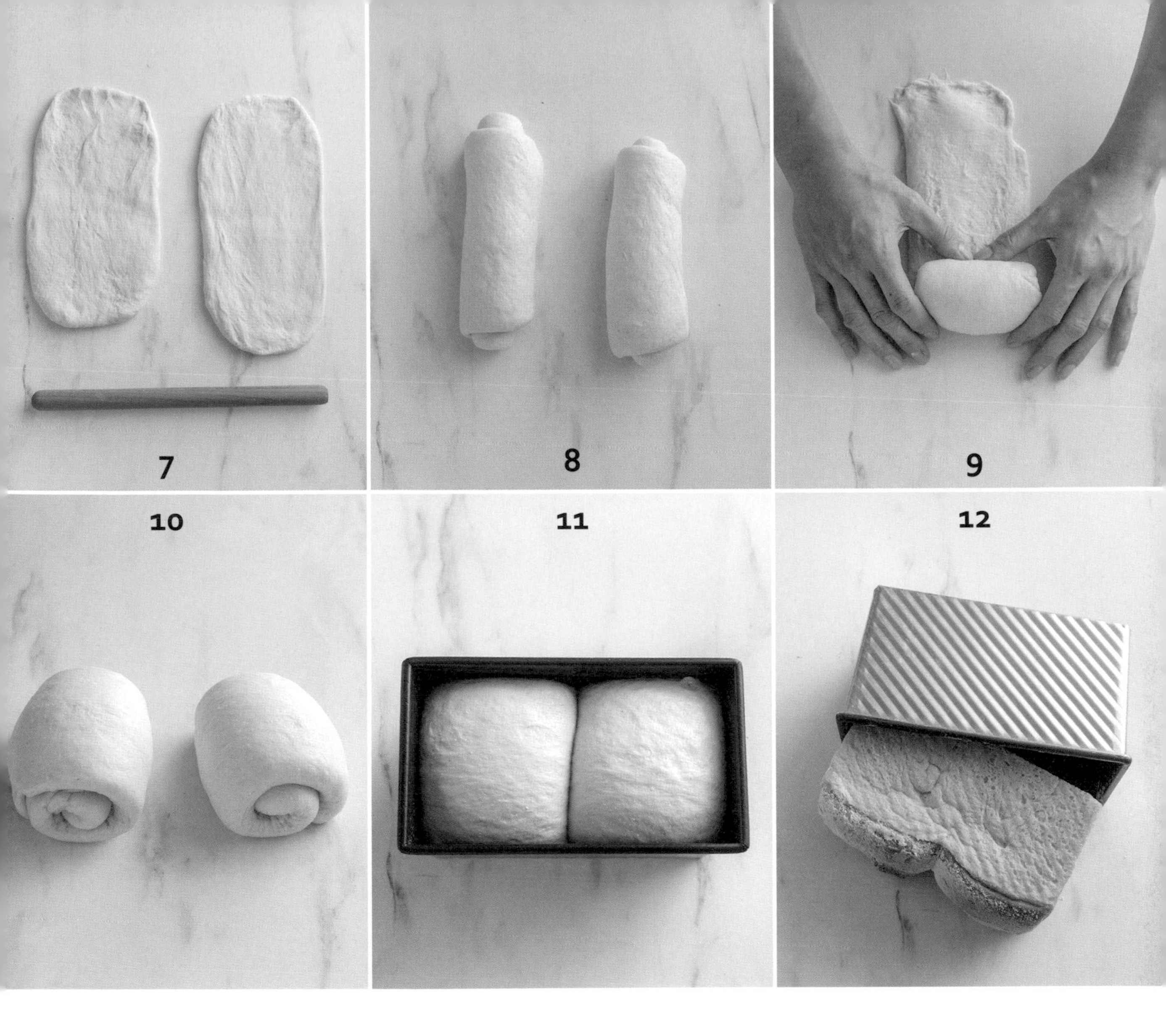

7 接著輕輕拍扁，擀成長條形。

8 從長邊捲起來，中間休息 10 分鐘。

9 再次輕輕拍扁，擀成長條形後，從短邊捲起來。

10 將 2 顆麵團都捲起來後，放入吐司模。

11 再次發酵至 2 倍大（約室溫 35℃／120 分鐘）。

12 放入已預熱好的烤箱中，以 190℃ 烤約 30 分鐘，四面上色後取出。

抹茶紅豆吐司

這款吐司的配方一樣降低了糖、奶油、精緻澱粉的比例，不會對身體帶來太大的負擔。使用現成紅豆餡糖量較高，推薦自製地瓜餡或芋頭餡（P.114），做成更加減醣的包餡吐司。

模具

12兩
吐司模
（型號 SN2055：長 19.6× 寬 10.6 × 高 11cm）

材料（份量：1條）

鹽 7g
高筋麵粉 250g
生糙米粉 50g
烘焙用杏仁粉 13g
抹茶粉 13g
赤藻糖醇 15g
即溶速發酵母 8g
動物性鮮奶油 40g
飲用水 170g
無鹽奶油（室溫） 15g
市售紅豆餡 160g

作法

1. 攪拌盆依序加入鹽、麵粉、生糙米粉、杏仁粉、抹茶粉、赤藻糖醇、酵母、鮮奶油、水，用電動攪拌器鉤狀配件拌勻。
2. 全部攪打約 5 分鐘後，加入奶油，再打到拉開有薄膜。
   TIP 攪打到原本沾黏的攪拌盆變乾淨，麵團本身變光滑柔軟，且可輕拉出呈半透明狀的薄膜程度。
3. 將麵團放入容器，蓋上保鮮膜，進行第一次發酵至 2 倍大（約室溫 35℃ ／ 120 分鐘）。
4. 將麵團分成 2 等分，滾圓。進行中間發酵 10 分鐘。

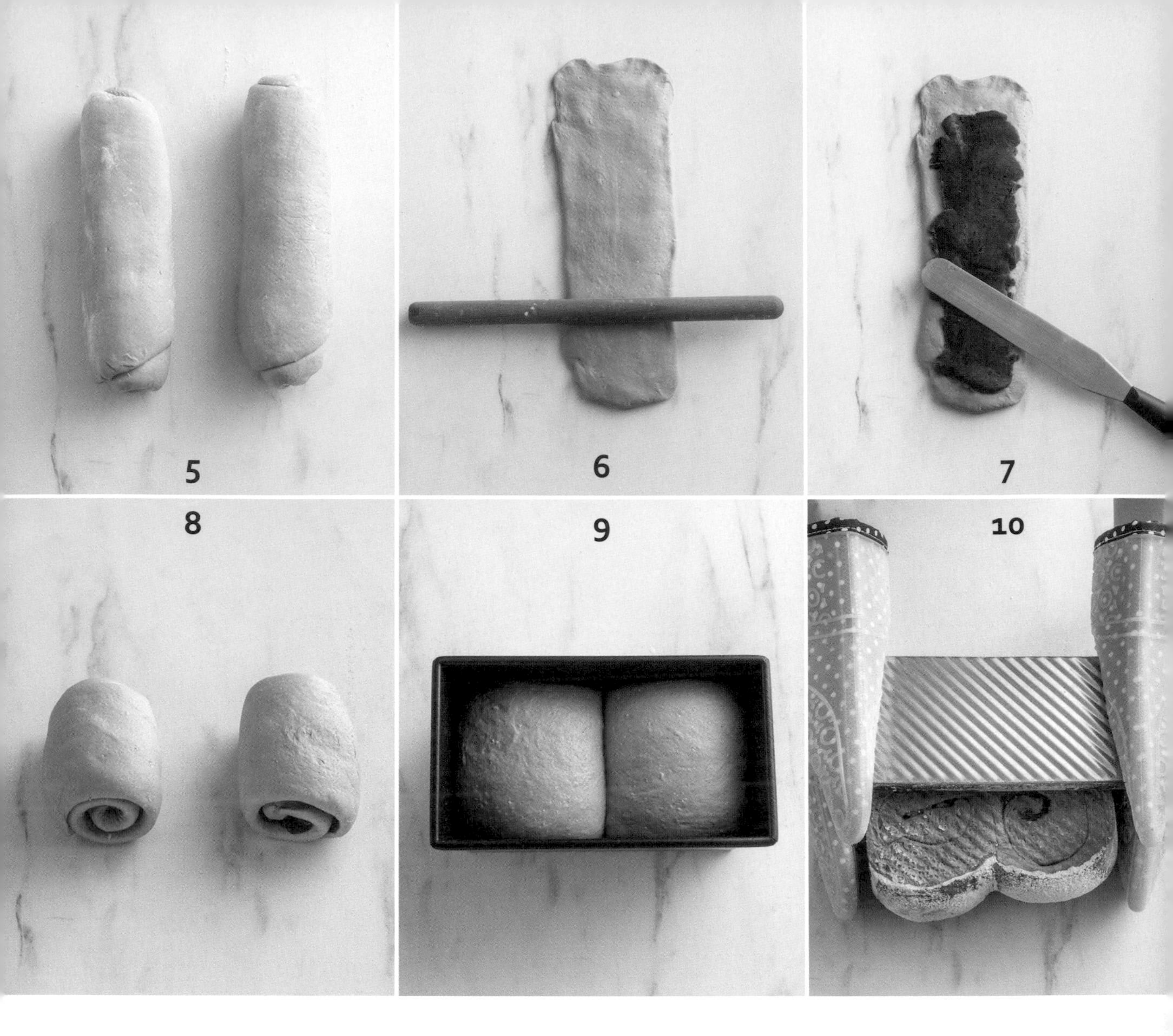

5 將麵團輕輕拍扁，擀成長條形，從長邊捲起來，中間休息 10 分鐘。

6 再輕輕拍扁，擀成長條形。

7 中間均勻抹上紅豆餡（1 顆 80g）。

8 從短邊捲起來。完成 2 顆包餡的麵團。

9 將 2 顆麵團放入吐司模。再次發酵至 2 倍大（約室溫 35℃／ 120 分鐘）。

10 放入已預熱好的烤箱中，以 190℃ 烤約 30 分鐘，四面上色後取出。

作法

1 攪拌盆依序加入鹽、高筋麵粉、全麥粉、杏仁粉、赤藻糖醇、酵母、水、黑芝麻粒，用電動攪拌器鉤狀配件拌勻。

2 全部攪打至拉開有薄膜即可。

TIP 攪打到原本沾黏的攪拌盆變乾淨，麵團本身變光滑柔軟，且可輕拉出呈半透明狀的薄膜程度。

3 將麵團放入容器，蓋上保鮮膜，進行第一次發酵至2倍大（約室溫35℃／45分鐘）。

TIP 發酵時間為參考值，須以實際溫度濕度做調整。

4 分割成每顆80g，共6顆，滾圓。進行中間發酵10分鐘。

5 接著輕輕拍扁，擀成長條形。

6 從長邊捲起成細條狀。

7 麵團其中一端壓扁。

8 另一端捲過來壓上去。

9 用壓扁的那一端包住另一端，把接口黏起來，形成圓圈形狀。

10 將麵團個別排放在烘焙紙上，再次發酵至 2 倍大（約室溫 35℃／ 45 分鐘）。

11 將蜂蜜跟水煮滾後，放入貝果麵團，每一面燙 30 秒，立刻取出。

TIP 滾水中加入蜂蜜，可以幫助貝果形成更漂亮的色澤。

12 放入已預熱好的烤箱中，以 200℃ 烤約 17 分鐘即完成。

捲餅（糙米＆全麥）

捲餅因為很薄，每次攝取的澱粉量不會太高，很適合用來搭配生菜肉類一起吃，是非常好的主食來取代白米飯。除了糙米，我也常常做全麥的口味，可以攝取不同穀物的營養，感受不一樣的香氣與風味。

材料（份量：4 片）

高筋麵粉..85g
烘焙用杏仁粉....................................10g
生糙米粉（或全麥粉）.......................25g
無鹽奶油（融化）..............................20g
泡打粉.......................................1/2 小匙
鹽...............................1/2 小匙（約 3g）
熱水...60g

POINT

生糙米粉直接等量替換成全麥粉，即能做出不同口味。

作法

1 將熱水以外的所有材料放入攪拌盆，再倒熱水，並混合均勻。

2 將麵團攪拌至表面微光滑後，蓋上保鮮膜，靜置約 30 分鐘。

TIP 捲餅麵團可直接手揉完成，不一定要用電動攪拌器。它也不會發酵脹大，拌勻後稍微靜置鬆弛即可。

3 將麵團分成 4 等分，一份約 50g，滾圓。

4 將麵團放在兩張烘焙紙之間，擀成直徑約 17 公分（7 吋大小）的圓形薄餅。

5 平底鍋熱鍋後，放入圓形薄餅。

TIP 先連同烘焙紙放入鍋中，定型到稍微不黏再取下、翻面。

6 兩面各煎約 30 秒，上色即可取出。

原味印度烤餅

印度烤餅是我很愛的一項主食，為了在控醣時期能夠吃得沒有壓力，我用全麥麵粉取代部分精緻澱粉，把砂糖換成零熱量的天然代糖，在不影響口感與口味的前提下降低醣量，重點是吃起來很好吃喔！

材料（份量：6 片）

鹽 .... 1/2 小匙（約 3g）
高筋麵粉 80g
低筋麵粉 90g
全麥粉 40g
泡打粉 .... 1/2 小匙
即溶速發酵母 7g
赤藻糖醇 10g
冷壓初榨橄欖油 15g
飲用水 140g

作法

1 依照材料順序，將所有材料加入攪拌盆中，攪拌至表面微光滑。

TIP 烤餅麵團可直接手揉。揉到成團後再稍微揉一下即可，不一定要用電動攪拌器。

2 放入容器中，蓋上保鮮膜，靜置發酵至 1.5-2 倍大（約 30 分鐘）。

3 將麵團分成6等分，每份約 60g，滾圓。

4 再擀成約 0.2cm 厚度的橢圓形薄餅。

TIP 此時也可以加入香菜，做成香菜大蒜奶油烤餅（參考 P.110）。

5 不沾鍋熱鍋後，放入薄餅乾煎。

TIP 如果不是不沾鍋，先於鍋底抹油以防沾黏。

6 兩面各煎約 30 秒，上色即可取出。

香菜大蒜奶油印度烤餅

強烈推薦大家一定要動手試看看這道！做好的原味烤餅麵團加上一點點巧思，就變成單吃也很好吃的另一種口味。做法非常簡單容易，也完全不會有自己在控醣的感覺，吃得開心又滿足。

材料（份量：6片）

原味印度烤餅麵團（參考 P.108）
香菜（切碎）............................ 適量
無鹽奶油.................................... 40g
大蒜泥 .... 2 顆量
鹽 .... 1/4 小匙（約 1.5g）

作法

1 將發酵完的烤餅麵團分成 6 顆，滾圓，擀成約 0.2cm 厚的橢圓片，再撒上香菜。

TIP 烤餅麵團的作法請參考 P.109 步驟 1-4。

2 不沾鍋熱鍋，乾煎烤餅，兩面各約 30 秒即取出。煎完所有烤餅。

3 不沾鍋加入奶油、大蒜泥、鹽，煮至融化熄火。

4 將大蒜奶油均勻塗在煎好的烤餅上即完成。

法式
起司太陽蛋
蕎麥可麗餅

鹹味可麗餅中增加了蕎麥粉的比例，營養更豐富。如果沒有蕎麥粉，也可以用烘焙材料行常見的裸麥粉等量替換，還可以依據喜好變化配料：鮪魚、火腿、起司、燻鮭魚、燻雞……都好吃！

材料（份量：4 片）

‖ **餅皮** ‖

全蛋............................ 50g
蕎麥粉......................... 40g
低筋麵粉...................... 20g
鹽........1/4 小匙（約 1.5g）
全脂牛奶.................... 180g
無鹽奶油（融化）........ 20g

‖ **配料** ‖

雞蛋............ 4 顆
起司絲........適量
胡椒鹽........適量

作法

1 將餅皮的全部材料拌勻。

2 麵糊直接過篩，拌勻後再過篩一次，直到無顆粒狀。

TIP 用刮刀或湯匙等器具在篩網上刮壓，幫助過篩。

3 室溫靜置 15 分鐘或冷藏數小時。

TIP 麵糊冷藏休息後會更細緻。可以事先做好冷藏（可保存二天），需要時再拿出來煎。

4 平底鍋（直徑約 20 公分）加熱後，離火倒入麵糊，快速轉動鍋子，讓麵糊平均攤開，再放回爐火上。

TIP 鍋子要夠熱才不會沾黏，如果使用的非不沾鍋，建議先抹一層奶油。

5 將餅皮煎至兩面金黃後，中間加起司絲、打入雞蛋、撒上胡椒鹽。

6 再把餅皮往內摺成菱形，小火慢煎至起司融化、喜歡的雞蛋熟度即完成。

Column

天然美味！自製內餡 & 抹醬

現在到超市、烘焙材料行都可以輕易買到各種內餡或抹醬，只是往往成分固定，很容易過甜或添加物太多，因此我很常自己做，與大家分享幾款我最喜歡的口味，做起來簡單快速，健康又好吃！

地瓜餡

地瓜一年四季都有，是台灣很好取得的優質澱粉食材，做成地瓜餡後，無論是包到吐司裡做成夾餡吐司，或是搭配其他麵包沾抹都很萬用。

材料

地瓜泥（蒸熟搗碎）...............100g
無鹽奶油....................................5g
赤藻糖醇.................................. 5g

作法

鍋中放入所有材料，用小火炒成團，放涼即可。

芋頭餡

芋頭的產季在冬天，每到盛產時期就會忍不住想吃各種芋頭產品。自己做芋頭餡的方法非常簡單，包到吐司裡也很適合，一定要試試看！

材料

芋頭泥（蒸熟搗碎，越碎越好） 100g
無鹽奶油..10g
赤藻糖醇..10g
水麥芽（增加黏稠度用）..........................10g

作法

鍋中放入所有材料，用小火炒成團，放涼即可。

松露乳酪抹醬

這款抹醬可以拿來塗抹麵包後直接享用，香氣濃郁，也能增添口感的濕潤度。

材料

軟質奶油乳酪 Cream Cheese 150g
松露醬 ....2 湯匙（約 30g）
黑胡椒鹽...適量

作法

將全部材料拌勻即可。

CHAPTER

5

搭配減醣麵包的
美味私房料理

Low-carb recipes

with you
♥♥♥ with
with you Honey

白酒奶油味噌鮭魚

◆推薦搭配：餐包

這是一道非常好吃快速，不需要任何技巧的電鍋料理。奶油白酒加上味噌的組合，男女老少都會喜歡。電鍋蒸出來的鮭魚軟嫩，油脂和醬汁結合後，搭配麵包沾著吃更加美味！

材料

鮭魚.........................1 片
蘑菇（切片）...........5 朵
青花菜（切小塊）....4 朵
小番茄（切半）....3-4 顆

‖ 醃料 ‖

白酒........................20cc
白胡椒鹽..................適量

‖ 醬汁 ‖

動物性鮮奶油.....100g
白酒.....................10g
味噌.....................25g

作法

1 鮭魚醃白酒並撒上白胡椒鹽。

2 將醬汁的所有材料加熱融化後，倒在鮭魚上。

3 上面擺蘑菇，放進電鍋蒸 10 分鐘。

4 再放青花菜，蒸 5 分鐘至魚肉熟透。

TIP 蒸的時間依魚厚薄大小不同，需自行斟酌，蒸至魚肉熟透、筷子可輕易夾取即可。

5 最後擺上小番茄即完成。

超多蔬菜的義式肉醬

◆推薦搭配：餐包

我非常愛吃義大利麵，所以很常做義式肉醬，為了在控制體重時也可以享受肉醬的美味，我在肉醬裡面加了很多切成跟絞肉一樣細小的蔬菜，這樣不知不覺就攝取了很多蔬菜，也減低了熱量，而且竟然比原來版本還要好吃！

材料

豬絞肉……1 盒（約 300g）
培根（切條）……10 條
中型洋蔥（切細碎）……1 顆
小條紅蘿蔔（切細碎）……1 條
義大利麵醬……1 罐（600g）
紅酒……200cc
月桂葉、義式香料……適量

作法

1. 熱鍋，先炒培根再炒洋蔥碎，再炒香豬絞肉。
2. 接著加入紅蘿蔔碎與義大利麵醬，以及月桂葉、義式香料。
3. 倒入紅酒與 200cc 飲用水，煮約 30 分鐘即完成。

白酒燉雞

◆推薦搭配：餐包

白酒燉雞是非常經典的法國料理，裡面有肉有菜，一道就能滿足一餐需要的所有營養，製作不複雜，味道又好，極力推薦大家試試看！

材料

帶骨雞腿肉（切塊）.........約 400g
胡椒、鹽................................ 適量
冷壓初榨橄欖油 .... 適量
高筋麵粉................................ 適量
蘑菇（切片）......1 盒（約 200g）
洋蔥（切絲）......................1/2 顆

紅蘿蔔（切塊）............1/2 條
馬鈴薯（帶皮切塊）.........1 顆
白酒............................. 150cc
月桂葉 ....1 片
義式香料.......................... 適量
動物性鮮奶油.............. 100cc

作法

1 帶骨雞腿肉洗淨擦乾，加入胡椒、鹽、橄欖油抓醃，再裹上麵粉。

2 熱鍋熱油，將帶骨雞腿肉煎至兩面金黃後取出。

3 熱鍋熱油，放入洋蔥絲、蘑菇片炒軟變色，再加入紅蘿蔔塊、馬鈴薯塊炒 3 分鐘。

4 放回煎過的帶骨雞腿肉，加入白酒、月桂葉、義式香料，並加入飲用水至八分滿，中小火煮約 30 分鐘。

5 倒入鮮奶油，並用鹽巴調味，再煮 4 分鐘即完成。

TIP 加入鮮奶油前，可以額外添加自己喜歡的蔬菜，例如紅黃甜椒、青花菜，豐富營養和口感。

鷹嘴豆泥

◆推薦搭配：印度烤餅

我超級喜歡吃鷹嘴豆泥，可是在台灣，除非到特定餐廳去吃，不然非常難品嚐得到，所以我很常自己做。鷹嘴豆罐頭可以在家樂福等量販店購買得到，當然也可以自己購買生鷹嘴豆煮熟後使用。

材料

鷹嘴豆罐頭（濾掉水分）...........1 罐
熟白芝麻....................................45g
檸檬汁 10g
蒜泥...................................2 瓣的量
冷壓初榨橄欖油 20g
飲用水 50g
鹽、胡椒、匈牙利紅椒粉.......... 適量

作法

1. 平底鍋乾炒白芝麻，炒香。
2. 將全部食材放入調理機中，打至滑順細緻即完成。

味噌醃五花肉

◆推薦搭配：印度烤餅

這是一道我家常常出現的料理，因為完全不用開火，放入烤箱就能完成，烤好的五花肉搭配生菜非常好吃。

材料

三層肉..................1 條

‖ 醃料 ‖

味噌.................. 1 大匙
醬油............... 1/3 大匙
味醂............... 1/3 大匙
糖 .... 1/3 大匙
蒜泥..............1 瓣的量

‖ 配料 ‖

芝麻葉 .... 適量
美生菜 .... 適量
小黃瓜（切絲）...... 適量
洋蔥（切絲）.......... 適量
紅蘿蔔（切絲）...... 適量

作法

1. 混勻醃料的所有材料，均勻抹在三層肉上，用保鮮膜包起後，冷藏醃至少 3 小時。
2. 從冷藏室取出後，室溫回溫 20 分鐘。
3. 放入預熱好的烤箱中，220℃ 烤約 15 分鐘即完成。可搭配各種生菜和烤餅一起享用。

不油炸藍帶起司豬排

◆推薦搭配：吐司

我在控制飲食的期間，難免有很想吃炸物的時候，但是當然不行，所以為了解饞，我做了這個不油炸就有酥脆外皮的藍帶起司豬排，滿足口腹之欲，也沒有罪惡感！

材料

豬排................................1 片
鹽、胡椒........................適量
起司................................1 片
低筋麵粉........................適量
雞蛋................................1 顆
麵包粉 ....1/3 包（約 80g）

|| 配料 ||

美生菜 ....適量
大番茄（切片）............適量

作法

1 平底鍋乾炒麵包粉，炒至金黃色取出。

TIP 麵包粉直接烤很難上色，先炒過再用，色澤、香氣和口感都更好。

2 將豬排斷筋。

TIP 用刀子劃開白色筋，口感會比較好。

3 將豬排橫剖半，但不切斷。

4 撒上鹽、胡椒後，中間放起司片合起來。

5 豬排先沾麵粉，再沾蛋液，最後裹上麵包粉。

6 放入烤箱，以 180℃ 烤約 20 分鐘即完成。再搭配美生菜、番茄一起享用。

酪梨蛋沙拉

◆推薦搭配：吐司

酪梨是非常健康的油脂，含有豐富的營養。這道沙拉我常做來當早餐，切一切拌一拌，烤片吐司就完成了，簡單快速好吃。吃不完還可以冰起來冷藏，能保存約三天。

材料

酪梨....................1/2 顆
水煮蛋 ....1 顆
小番茄 .... 3-4 顆
鹽、胡椒.............. 適量
冷壓初榨橄欖油 ... 適量

作法

1. 酪梨切小塊、用湯匙稍微壓成泥。水煮蛋、小番茄皆切小塊。
2. 將步驟 1 的所有食材混合均勻。
3. 加入鹽、胡椒、橄欖油調味即完成。

烤紫蘇牛肉捲

◆推薦搭配：口袋麵包

這是一道20分鐘就能快速上桌的好菜，如果沒有紫蘇葉，做成番茄牛肉捲也很好吃。牛肉片也可以換成豬肉片來製作，變化很多。

材料

牛肉片 ....6 片
紫蘇葉 ....6 片
番茄...1 顆（切 6 等分）
烤肉醬 .... 適量
熟白芝麻................ 適量

作法

1 牛肉片刷上一層烤肉醬。
2 放上紫蘇葉跟番茄捲起來。
3 最後上面塗一點烤肉醬，撒上白芝麻。
4 放入烤箱，以200℃烤約15分鐘即完成。

涼拌
蔬菜雞絲

◆推薦搭配：口袋麵包

這道涼拌雞絲有優質的蛋白質又有大量蔬菜，而且最方便的是一次做多一點，可以冷藏二天左右，下班回家從冰箱拿出來就可以吃，節省很多時間。

材料

雞胸........................1 付
小黃瓜（切絲）......1 根
洋蔥（切絲）.........少許
青蔥（刨成絲）......1 根
紅蘿蔔（切絲）.....少許
熟白芝麻................適量

‖ 醃料 ‖

青蔥（切段）..... 1 根
胡椒、鹽............適量

‖ 調味料 ‖

醬油....................適量
味醂....................適量
香油....................適量
白胡椒鹽............適量

作法

1 雞胸切大塊，加入青蔥、胡椒、鹽醃一下。

2 放入電鍋蒸 10-15 分鐘。

3 趁熱將雞肉撕成絲狀，放回原來的容器吸附湯汁。

4 將吸飽湯汁的雞絲取出，加上小黃瓜絲、洋蔥絲、青蔥絲與紅蘿蔔絲。

5 以醬油、味醂、香油、白胡椒鹽調味，最後撒上白芝麻即完成。

法式
紙包烤魚

◆推薦搭配：鹽可頌

紙包魚是非常簡單的料理，所有食材放進烤箱就完成了，也不需要過多調味。魚肉是很優質的蛋白質，非常適合在控制飲食時享用，利用紙包的方式燜烤，吃起來軟嫩多汁。

材料

魚排……………………………… 1 片
鹽、胡椒…………………………適量
洋蔥（切絲）……………………適量
紅蘿蔔（切絲）…………………適量
檸檬……………………………… 1 片
新鮮迷迭香……………………… 1 根
小番茄（切半）……………… 2-3 顆
冷壓初榨橄欖油、白酒…………適量

作法

1 魚排上先撒鹽與胡椒。
2 烘焙紙中放入洋蔥絲跟紅蘿蔔絲，再放上魚排（魚皮朝上），接著放上檸檬片、新鮮迷迭香、小番茄。
3 淋上一點橄欖油與白酒後，用烘焙紙將食材包起來。
4 放入烤箱，以 200℃ 烤約 15 分鐘即完成。

POINT 魚排的種類不限，鮭魚、鱸魚、比目魚等等都可以。

香煎豬排
佐奶油洋蔥蘑菇醬

◆推薦搭配：鹽可頌

這道料理的味道非常濃郁，奶油蘑菇醬的口味，大人小孩都喜歡。除了豬肉外，也很適合搭配無骨雞腿排。

材料

里肌豬排...........2 片（約 0.5 公分厚）
胡椒、鹽......................................適量
低筋麵粉......................................適量
冷壓初榨橄欖油 ....適量
小顆洋蔥（切碎）..................... 1/2 顆
蘑菇（切片）............半盒（約 100g）
白酒... 20g
動物性鮮奶油.................................70g
全脂牛奶..30g
義式香料......................................適量

作法

1 將豬排上面的筋切斷（口感會比較軟嫩）。
2 撒上胡椒、鹽，均勻沾裹麵粉。
3 熱鍋熱油，放入豬排煎至兩面金黃取出。
4 熱鍋熱油，放入洋蔥碎炒至微黃色。
5 再放入蘑菇片炒至褐色後，加白酒、鮮奶油、牛奶、義式香料、胡椒、鹽煮至微滾。
6 最後放入豬排，兩面各煨 2 分鐘即完成。

奶油香料烤春雞

◆推薦搭配：捲餅

這道料理我是用春雞，因為春雞比較小，所以烘烤的時間比較短，春雞可以在好市多等進口量販店購買得到。使用一般的雞也可以，做法相同，只是需要烤比較久，需要自行判斷烘烤的時間，烤到刀子可以輕易插進去就是熟了。

材料

春雞..1 隻
胡椒、鹽、匈牙利紅椒粉......... 適量
奶油（室溫軟化）................... 適量
檸檬...1 顆
新鮮迷迭香 .... 適量

作法

1. 春雞洗乾淨，全身用叉子戳洞。
2. 全身撒上胡椒、鹽、匈牙利紅椒粉，裡面也一樣抹上調味料。
3. 全身抹上室溫軟化的奶油。
4. 裡面塞入一整顆檸檬跟新鮮迷迭香。
5. 放入烤箱，以 220℃ 烤約 30 分鐘即完成。

韓式炒肉

◆推薦搭配：捲餅

韓式炒肉簡單快速又好吃，裡面的肉類用牛肉片、豬肉片、雞肉都可以，還能加入大量的蔬菜，例如青椒、甜椒、洋蔥、紅蘿蔔……夾在捲餅裡，一口咬下超級滿足！

材料

牛肉片 .... 1 盒（約 200g）

＊ 換成豬肉或雞肉皆可

‖ 醃料 ‖

醬油 20cc
冷壓初榨橄欖油 10cc
胡椒、鹽 .... 適量
泡菜汁 20cc
洋蔥（切絲）................1/2 顆
青蔥（切段）.................. 1 根

‖ 配料 ‖

美生菜 ....適量
大番茄（切片）....適量

作法

1. 牛肉片和醃料的所有材料拌勻，冷藏至少數小時，最好一晚。
2. 熱鍋熱油，直接放入醃好的牛肉片，炒至熟透起鍋。可以依喜好搭配美生菜、番茄，包入捲餅中享用。

舒肥雞胸
檸檬橄欖油沙拉

◆推薦搭配：貝果

大家都知道，雞胸肉是減脂時非常好的蛋白質來源，只要利用真空機，就能在家裡做出舒肥的軟嫩多汁口感。如果沒有舒肥雞，也可以改用蒸煮的方式，或是直接購買現成的舒肥雞胸來製作。

材料

雞胸.................................1 付
綜合生菜....... 半盒（約 150g）
小番茄（切半）..............10 顆
酪梨（切塊）.................1/2 顆
檸檬汁 10cc
冷壓初榨橄欖油 30cc

‖ 醃料 ‖

胡椒、鹽........................... 適量
橄欖油 10cc
白酒.................................10cc

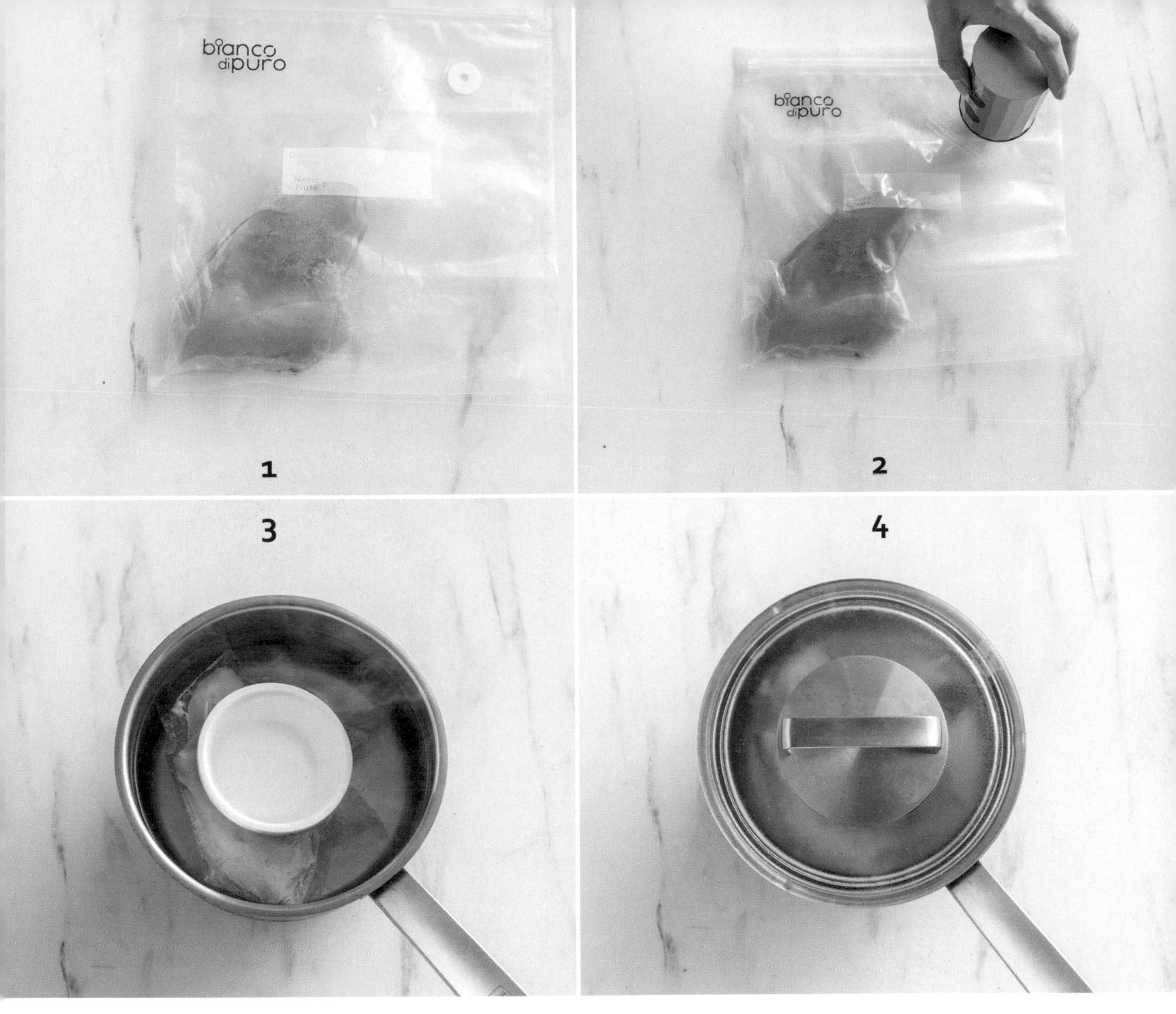

作法

1 將雞胸洗淨後，加入醃料拌勻，裝入真空袋中。（1）

2 將真空袋抽真空。（2）

3 放入滾沸熱水中，關火，拿個碗將雞胸壓在水面下。（3）

4 蓋上鍋蓋燜 60 分鐘。（4）

5 雞胸取出切小塊，擺在洗乾淨的生菜上，依序放上小番茄、酪梨。

6 混合檸檬汁與橄欖油，淋在沙拉上即完成。

台灣廣廈 國際出版集團
Taiwan Mansion International Group

國家圖書館出版品預行編目（CIP）資料

職人配方！減醣烘焙料理：天天這樣吃，體脂維持19%！從甜點、麵包到餐食，冠軍主廚的50道「速簡×美味×低負擔」私房食譜 / 莉雅Leah著. -- 初版. -- 新北市：台灣廣廈, 2023.03
面； 公分.
ISBN 978-986-130-573-8(平裝)
1.CST: 點心食譜 2.CST: 健康飲食

427.16 112000384

職人配方！減醣烘焙料理

天天這樣吃，體脂維持19%！
從甜點、麵包到餐食，冠軍主廚的50道「速簡×美味×低負擔」私房食譜

作　　者／莉雅Leah
攝　　影／Hand in Hand Photodesign
璞真奕睿影像
編輯中心編輯長／張秀環・**編輯**／蔡沐晨・許秀妃
設計／曾詩涵
內頁排版／菩薩蠻數位文化有限公司
製版・印刷・裝訂／東豪・弼聖・秉成

行企研發中心總監／陳冠蒨
媒體公關組／陳柔彣
綜合業務組／何欣穎
線上學習中心總監／陳冠蒨
產品企製組／顏佑婷

發 行 人／江媛珍
法律顧問／第一國際法律事務所 余淑杏律師・北辰著作權事務所 蕭雄淋律師
出　　版／台灣廣廈
發　　行／台灣廣廈有聲圖書有限公司
地址：新北市235中和區中山路二段359巷7號2樓
電話：（886）2-2225-5777・傳真：（886）2-2225-8052

代理印務・全球總經銷／知遠文化事業有限公司
地址：新北市222深坑區北深路三段155巷25號5樓
電話：（886）2-2664-8800・傳真：（886）2-2664-8801
郵政劃撥／劃撥帳號：18836722
劃撥戶名：知遠文化事業有限公司（※單次購書金額未達1000元，請另付70元郵資。）

■出版日期：2023年03月
ISBN：978-986-130-573-8